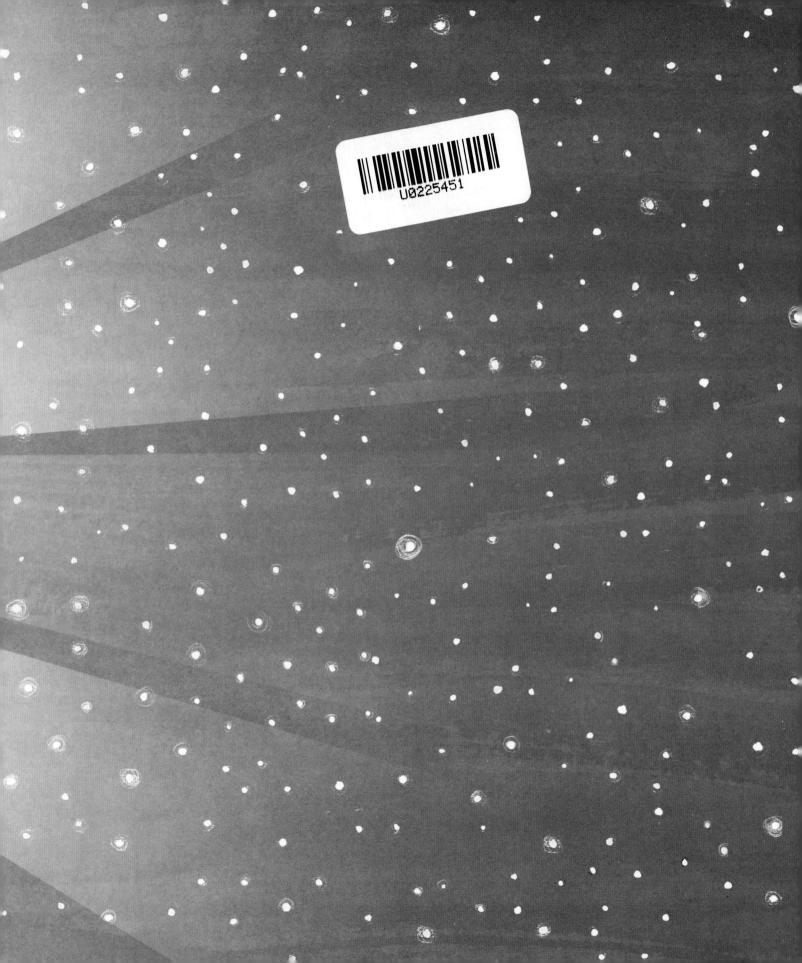

光和声音的科学书

日夜之光

[加拿大] 苏珊·休斯 著　　[美] 艾伦·鲁尼 绘　　冯翀 译

电子工业出版社
Publishing House of Electronics Industry
北京·BEIJING

在一个没有月亮和星星的多云夏夜，

天空是那么黑，突然……

一阵微风吹来，树梢开始摇摆。
渐渐地，天空开始放晴。

噢！快看！

天空上缀满了星星。这些星星离
我们非常非常远，但星光却穿越
宇宙来到了我们眼前。

自己会发光的星星本身既不是
液体也不是固体的，而是一个
不断旋转的气体球。这个气体
球的中心非常热，持续向外释
放着巨大的能量，所以它们才
会发光！

一闪，
一闪！

萤火虫和星星都是大自然的一部分。
它们发出的光都是自然光。

我们的太阳也是
一颗释放自然光
的星星。

世界上还有许多种自然光。

划过夜空的闪电

森林大火

火山爆发

北极光

当你晚上躺在被窝里读睡前故事的时候，你需要光吗？在白天，视力正常的人们可以借助阳光看清周围。但是阳光不会一直都在。

如果没有光的话，我们什么都看不见。

准备一些日常小物品，然后戴上眼罩，再找块大毯子罩住
自己和小物品。让我们试着在毯子下一个个分辨出它们。

你做得怎么样？怎样能更容易地分辨它们？
还有更简单的办法吗？

在找不到自然光时，人们找到了制造光的方法。他们点燃了木头、蜡和油。他们还用电产生了人造光。

点亮人造光需要像电这样的能源。电可以为我们点亮灯、供暖，还能使电子设备的屏幕发光。

我们还会用光来交流。

灯塔发出的光能指引海上的船只。

交通信号灯能控制交通流量。

冰球比赛的计分屏能记录进球数。

闪烁的灯会告诉你朋友已经到门口了。

我们地球上的所有生命都依赖着太阳光。阳光温暖了空气、海洋和大地，使地球成了我们和其他生物的完美家园。

阳光是水循环重要的组成部分。它会加热海洋、河流、湖泊中的水，然后水会变成小液滴，也就是水蒸气进入空气中。

绿色的植物需要阳光才能生长。它们会产生我们时刻呼吸的氧气。

水蒸气随着蒸发上升到高空，然后又以雨的形式落回地表，就这样一圈又一圈地循环着。

如果没有了阳光，黑暗将笼罩地球，冰封大地，生命将不复存在。

光是什么？光是
一种能量。

光向各个方向传播，但它只走直线。
光不停地走啊走……

……直到撞上了某个物体！当光照射到类似水泥墙、书或者金属门这些固体物后会怎样？这些物体都是不透明的，它们阻挡光穿过它们。很多不透明的物体都会吸收光。

你的身体也是不透明的。你见过自己的影子吗？这就是因为你的身体吸收了光，它截断了光的传播。

飞机也是不透明的，我们可以观察一下飞机飞过田野上空时会怎样。

你和朋友可以利用光玩
手影游戏。

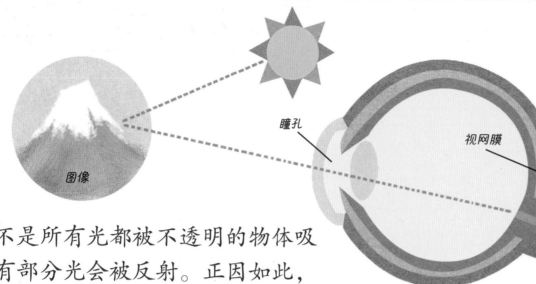

图像

瞳孔

视网膜

视神经

但也不是所有光都被不透明的物体吸收，有部分光会被反射。正因如此，我们才能看见物体。

你的眼睛上有个叫作瞳孔的小孔。在你的眼球后壁还有一层薄膜组织，叫作视网膜。那些被物体反射的光会穿过你的瞳孔，照射到视网膜上。光能在这里被转化为视觉信号，由视神经传导到你的大脑。

啊哈！于是你的大脑就会告诉你看见了什么。

比如远方的大山，或者小猫。

嘿，猫去哪儿了？

所以，我们能看见那些自己主动发光的物体，也能看见将光反射到我们眼睛里的物体。

透过纸巾，我们还能看见背后的灯光。但为什么看起来有些模糊？这是因为纸巾是半透明的，它反射并吸收了大部分的光，只有一小部分光穿透了过来。

当光穿过窗户时，由于玻璃是透明的，所以大部分光都会直接穿过，只有一小部分会被反射。

和玻璃类似，水也是透明的。光可以穿过水，但光遇到水后，它的传播速度会减慢。就好比你在湖里或者游泳池里跑步时，水会让你动作变慢。水还会使光发生折射。

在晚上，有些动物的视力会比人的更好，比如猫、浣熊、负鼠和猫头鹰。它们只需要一点儿光就能看清物体。猫头鹰在晚上的视力甚至比有些人在白天的视力还好！

相比于人类的瞳孔，猫
能将瞳孔放大非常多。

更大的瞳孔能接收
到更多的光，帮助
它们在夜晚拥有更
好的视力。

点亮夜空是一种完美的庆祝方式。

当我们关上灯，就是睡觉
的最佳时机。

晚安，光！

咔嗒

准备一场皮影戏

你需要的材料

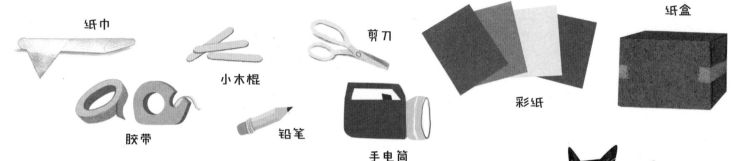

纸巾
小木棍
剪刀
胶带
铅笔
手电筒
彩纸
纸盒

观众

如何制作屏幕

1. 纸盒底部留下2厘米的框，裁掉中间部分。
2. 用纸巾把这个洞盖上，并用胶带固定住纸巾。

如何制作"演员"

1. 在彩纸上画出一个动物的简单轮廓。
2. 把这个动物剪下来，贴到小木棍上。
3. 你可以制作更多"演员"。

演出开始啦！

将纸箱"屏幕"那面转向观众，将演员举在"屏幕"后面，然后从"演员"背后给它打光。关掉房间的灯，皮影戏正式开始！

你看见了什么？

有些光会透过纸巾，让观众看见。但有些光会被不透明的彩纸挡住，所以"演员"会在屏幕上形成黑色的阴影。

名词解释

半透明：能让部分光通过的（物体）。

不透明：光无法穿透的（物体）。

电：人在自然中发现的一种能量，也能被人造出来。

反射：反弹回来。

光：由一组组像波一样传播的微小能量构成。

能量：物体运动的能力。光是一种能量，太阳是地球主要的能量来源。

气体：一种既不是液体也不是固体的无形物质。空气就是由各种气体构成的，比如氧气。

人造：由人制造的，非天然的。

视网膜：位于眼睛后壁的一层薄膜组织，它能将光转变为大脑可以理解的视觉信号。

水蒸气：空气中的小水滴，也叫蒸汽，是气态的水。

瞳孔：我们眼睛中央的黑色小洞，它能放大或缩小，这能影响到达视网膜的光量。

透明：能让光通过的（物体）。

吸收：被吸入、被减弱的效果。

折射：光线从一种介质进入另一种介质时传播方向发生偏折。

致我好朋友的孙女，洛塔·舒赫维奇。——苏珊·休斯

致总给我看星星的父亲。——艾伦·鲁尼

Originally published in English under the title:
Lights Day and Night: The Science of How Light Works
Text © 2021 Susan Hughes
Illustrations © 2021 Ellen Rooney
Published by permission of Kids Can Press Ltd., Toronto, Ontario, Canada.

版权贸易合同登记号　图字：01-2024-0029

图书在版编目（CIP）数据

日夜之光 /（加）苏珊·休斯（Susan Hughes）著；（美）艾伦·鲁尼（Ellen Rooney）绘；冯翀译.
北京：电子工业出版社，2024.6
（光和声音的科学书）
ISBN 978-7-121-47903-8

Ⅰ.①日… Ⅱ.①苏… ②艾… ③冯… Ⅲ.①光学－少儿读物 Ⅳ.①O4-49

中国国家版本馆CIP数据核字（2024）第103276号

责任编辑：张莉莉
印　　刷：北京尚唐印刷包装有限公司
装　　订：北京尚唐印刷包装有限公司
出版发行：电子工业出版社
　　　　　北京市海淀区万寿路173信箱　邮编：100036
开　　本：889×1194　1/12　印张：7　字数：34千字
版　　次：2024年6月第1版
印　　次：2024年6月第1次印刷
定　　价：108.00元（全2册）

凡所购买电子工业出版社图书有缺损问题，请向购买书店调换。若书店售缺，请与本社发行部联系，联系及邮购电话：（010）88254888，88258888。
质量投诉请发邮件至zlts@phei.com.cn，盗版侵权举报请发邮件至dbqq@phei.com.cn。
本书咨询联系方式：（010）88254161转1835，zhanglili@phei.com.cn。

混合产品
纸张
支持负责任林业
FSC® C018179

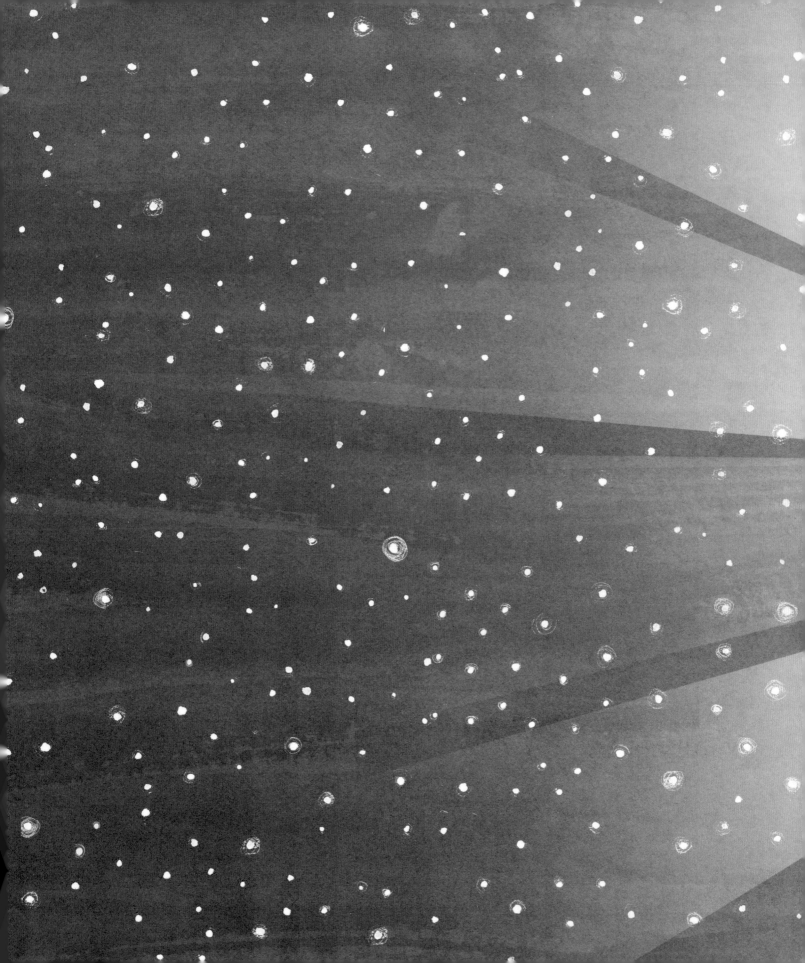

光和声音的科学书

天地之声

[加拿大]苏珊·休斯 著　　[美]艾伦·鲁尼 绘　　冯翀 译

电子工业出版社
Publishing House of Electronics Industry
北京·BEIJING

在一个阳光明媚的夏日，
一阵微风带来了朵朵乌云。

好安静啊，忽然……

出现了一只小蜜蜂！

一只小小的昆虫，竟然
靠着扇动翅膀的声音打
破了这片宁静。

突然，远处乌云密布，电闪雷鸣！

天上的空气突然炸开，亮起了一个巨大的电火花！它温度非常高，比太阳还烫；它速度非常快，比火箭还迅速！爆炸同时还带来了巨响，这就是雷声。

但你并不会马上听到雷声。
你可以在看见闪电后数一数，
1秒、2秒、3秒……

轰隆隆！

为什么你会先看见闪电再听见雷声？因为光在空气中的传播速度要比声音快得多，所以闪电总是先到。

蜜蜂的嗡嗡声和轰隆隆的雷声，
这类声音都是大自然产生的，
除此之外还有……

公鸡打鸣。

猫咪呼噜。

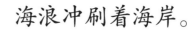

海浪冲刷着海岸。

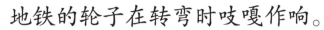
地铁的轮子在转弯时吱嘎作响。

雨水从屋檐滴落。

你打喷嚏。

有些声音还可以用来传达一些
讯息：救护车拉响的警笛声；
学校敲响的钟声；闹钟的铃声；
还有你呼唤朋友的声音。

声音是如何产生的？试试拨动吉他的琴弦吧。你看，琴弦会快速地摆动。这就是琴弦在振动，琴弦附近的空气也因此振动。

一旦空气发生了振动，这种振动就会以波的形式向外传播。波会向四面八方传开，还会传进你的耳朵深处。

这些声波会进入你的耳道，使你的鼓膜振动，带动成千上万极小的绒毛颤动。这些颤动的小绒毛会把声音的能量转化成信号，传递给大脑。

鼓膜是一小片薄薄的膜，蒙在你耳道的深处。就像鼓槌敲击鼓面使它振动一样，声波也是这样让鼓膜发生振动的！

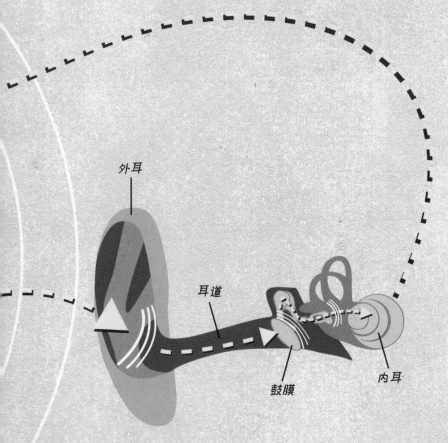

外耳

耳道

鼓膜

内耳

啊哈！这样你的大脑就会告诉你听见了声音，并且听起来具体是怎样的。

现在让我们再试试鼓掌，一下，两下。瞧瞧！你的手使空气振动，就像拨动吉他弦一样。这些空气飞快地以波的形式从你的手传播出去，然后到达你的耳朵。这个信号被传递到你的大脑，于是你就听到了掌声——一声，两声！

通常你没法看见或者感觉到一个物体在振动。但也可以试试，用指尖轻轻地按住你脖子的两侧，然后大声地哼唱。你感觉到振动了吗？

我们能听出高音和低音，柔和和响亮的声音。这都与空气振动方式有关。当空气快速振动时，发出的声音较尖，比如老鼠的叫声或者长笛的颤音。如果声音更尖，甚至超过了人耳能听见的范围，就是超声波了。

但是像狗、蝙蝠、负鼠和海豚这些动物却能听见超声波。蝙蝠和海豚还能用超声波来导航。

你有没有在洞穴或者山谷里大喊过？你听见自己的回声了吗？当蝙蝠在黑暗中飞行时，它们就靠发出非常尖锐的声音寻找出路。当回声反弹到蝙蝠身上，它们就能判断出行进方向上是否有阻碍物，这就是回声定位。

当空气振动得比较慢时，你会听到像地震的轰鸣声或者大号的呜呜声这种较为低沉的声音。就像我们听不到特别尖的超高音一样，特别低沉的声音我们也听不到，这种超低音叫作次声。不过，鱿鱼、河马、大象和鲸它们都听得见。大象和长颈鹿等还能利用次声沟通。

低沉的声音比尖锐的声音传得更远。大象之间会用非常低沉的声音交流，它们能在超乎想象的远距离上进行沟通。它们深沉的低鸣最远能传到6.5千米之外，远方的大象会用踩在地上的脚掌接收信号。雷雨即将来袭时的低沉轰隆声，大象也能敏锐地捕捉到。

有时空气的振动非常轻微，
它只携带很少的能量，
轻轻触动你的鼓膜。

这样的声音非常轻柔，就像树叶沙沙
作响，或者针掉落在地上那样。

嘀嗒　　嘀嗒

"太安静了，针掉在地上都能听见"，你听过这句话吗？让我们来试一试，往地上扔一根针。想要听见它落地的声音，你应该怎么做？需要多安静的环境？

嗄吱！

有时空气会携带着巨大的能量发生振动。它会猛烈地冲击你的鼓膜，就像赛车从起点冲出时，那强劲的引擎启动声充满力量。巨大的声音会让你眼球震动，全身骨头都在颤抖，有时候甚至还会让你难以吞咽！

虽然我们不是赛车手，但我们也要保护好我们的听力。巨大的噪声会短时间或者永久性地对你的听力造成伤害。为了保护听力，我们要远离那些嘈杂的噪声，就算只是大声的音乐也不例外！对于可能出现巨大噪声的环境，比如烟花表演、建筑工地、航空飞行秀或者体育比赛等，你一定要戴上耳塞或者安全耳罩。

这是高音，还是低音？我们如何测量呢？音高取决于空气振动的快慢。我们可以通过测量一段固定时间内声音的振动来确定音高。每秒振动一次为1赫兹（Hz）。海龟能听到20赫兹的声音，这其实非常低了。白鲸能听到高达123 000赫兹的声音。让我们来看看人类与其他动物都能听到哪些高低不同的声音。

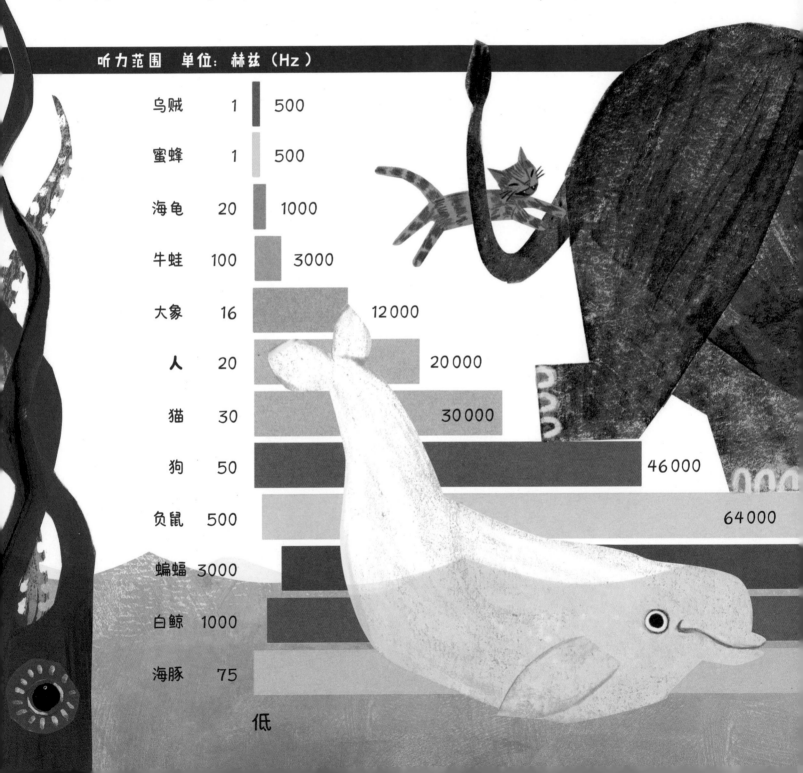

听力范围　单位：赫兹（Hz）

乌贼	1	500
蜜蜂	1	500
海龟	20	1000
牛蛙	100	3000
大象	16	12 000
人	20	20 000
猫	30	30 000
狗	50	46 000
负鼠	500	64 000
蝙蝠	3000	
白鲸	1000	
海豚	75	

低

如果一只小蜜蜂振动翅膀的声音是200赫兹，那么牛蛙或者蝙蝠能听见吗？

120 000

123 000

150 000

高

我们又如何分辨声音是轻柔的还是响亮的呢？正如我们前面说的，当一个物体振动的时候，周围的空气也会随之运动。我们可以使用分贝（dB）来衡量某种振动携带了多少能量，或者说这种声音究竟有多响。风吹树叶的沙沙声只有20分贝，而火箭发射的声音则能达到180分贝！

让我们来看看这些声音究竟有多响！

爆炸或者某种突然爆发会产生一种特殊的能量波，叫作冲击波，它会产生令人震惊的巨响！

分贝	声音	示例
10	几乎听不见	针掉落地面
20	刚好能被听见	树叶沙沙作响
30	非常安静	低语
40	↓	小雨
50	安静	大雨；汽车驶过
60	舒适	正常说话；工作中的洗碗机
70	使人烦心	电视机开得比较大声；工作中的吸尘器
80	使人不舒服	闹钟；门铃
85	响亮	烟雾报警器；摩托车驶过
90	使人非常不悦	卡车驶过；尖叫声；工作中的割草机
105		直升机；大鼓
110		摇滚音乐会；电锯
120	↓	人最大的嗓音；警笛
140	接近痛苦	手榴弹；爆竹
150	听力受损	喷气式发动机附近
170		雪崩
180		火箭发射
194	↓	声波变成冲击波

暴风雨结束了，
阳光重新洒向地面。
如此宁静……
　　　　　但又不是完全安静！

你听见什么声音了吗？

那只小蜜蜂又嗡嗡嗡地
飞回来了！

制作蜂鸣器

你需要的材料

2块橡皮

1根小木棒

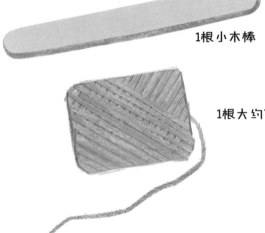

1张索引卡

订书机

剪刀

1根大约你手臂长度的绳子

1个宽的橡皮筋

具体步骤

1. 把2块橡皮分别放在小木棒的两头。

2. 把索引卡钉在小木棒上，并使索引卡的一侧超出小木棒大约5厘米。如果必要，可以用剪刀裁剪一下索引卡的宽度，使其能塞进2块橡皮之间。

3. 将绳子一头系在小木棍上（紧贴着1块橡皮），可以多打几个结，确保系紧了。

4. 将橡皮筋绑住2块橡皮外侧。

5. 抓住绳子的另一端，将蜂鸣器在你的头上甩动。

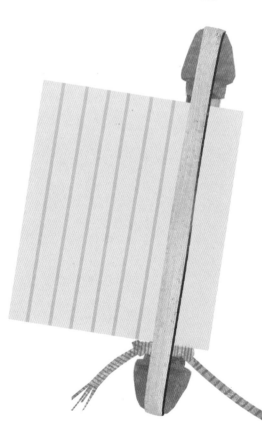

你发现了什么现象？

当空气穿过橡皮筋时会引起振动，索引卡会使这个声音更加响。

听起来是不是就像一群蜜蜂在嗡嗡嗡地绕着你飞？

名词解释

超声波：超过20000赫兹的声音，由于频率过高人耳无法听见。

冲击波：一种由强烈爆炸产生的振动形成的声波，它会产生惊人的巨大声音，甚至超过194分贝！

次声：低于20赫兹的极低声音，由于频率过低人耳无法听见。

分贝（dB）：用于测量声波中携带能量的单位。分贝越高，声音就越响。

赫兹（Hz）：用来测量声音振动速度的单位。振动的速度决定了音高。

回声定位：一些动物探测周围物体的方法。动物发出的声波会撞到物体上，并反弹回动物的耳朵。

声波：由振动物体产生的能量波。声波可以在空气、水和固体中传播。

音高：声音的高低程度。

振动：一种快速的往复运动。

致我好朋友的孙子，扬尼克·舒赫维奇。——苏珊·休斯

致我爱的加里。——艾伦·鲁尼

版权贸易合同登记号　图字：01-2024-0029

图书在版编目（CIP）数据

天地之声／（加）苏珊·休斯（Susan Hughes）著；（美）艾伦·鲁尼（Ellen Rooney）绘；冯翀译. --北京：电子工业出版社，2024.6
（光和声音的科学书）
ISBN 978-7-121-47903-8

Ⅰ.①天… Ⅱ.①苏… ②艾… ③冯… Ⅲ.①声学—少儿读物 Ⅳ.①O42-49

中国国家版本馆CIP数据核字（2024）第102253号

责任编辑：张莉莉
印　　刷：北京尚唐印刷包装有限公司
装　　订：北京尚唐印刷包装有限公司
出版发行：电子工业出版社
　　　　　北京市海淀区万寿路173信箱　邮编：100036
开　　本：889×1194　1/12　印张：7　字数：34千字
版　　次：2024年6月第1版
印　　次：2024年6月第1次印刷
定　　价：108.00元（全2册）

凡所购买电子工业出版社图书有缺损问题，请向购买书店调换。若书店售缺，请与本社发行部联系，联系及邮购电话：（010）88254888，88258888。
质量投诉请发邮件至zlts@phei.com.cn，盗版侵权举报请发邮件至dbqq@phei.com.cn。
本书咨询联系方式：（010）88254161转1835，zhanglili@phei.com.cn。